ジャワ島
ミナミカワトンボ

第1部　ミナミカワトンボのエラのなぞ
　　　　　　　大津市立長等小学校5年　　白神 慶太

第2部　ミナミカワトンボのはねのなぞ
　　　　　　　大津市立中央小学校3年　　白神 大輝

とうかしょぼう
櫂歌書房

目　次

第1部　ミナミカワトンボのエラのなぞ　　　白神　慶太

1. はじめに……………………………………………4
2. 研究の動機…………………………………………4
3. 研究の計画…………………………………………4
4. 予備調査……………………………………………5
5. 予想…………………………………………………6
6. 研究方法……………………………………………7
7. 結果…………………………………………………9
8. 観察…………………………………………………24
9. 考察…………………………………………………26
10. 今後の課題…………………………………………28
11. 標本写真……………………………………………28
12. 感想…………………………………………………34
13. 謝辞…………………………………………………35
14. 参考文献……………………………………………36

第2部　ミナミカワトンボのはねのなぞ　　　白神　大輝

1. はじめに……………………………………………38
2. 研究の動機…………………………………………39
3. 事前調査……………………………………………41
4. 予想…………………………………………………44
5. 研究の計画…………………………………………45
6. 研究方法……………………………………………46
7. 結果…………………………………………………48
8. 仮説…………………………………………………82
9. 仮説の検証…………………………………………84
10. この研究で発見したこと…………………………87
11. 感想・今後の課題…………………………………93
12. 参考文献……………………………………………95

第1部
ミナミカワトンボのエラのなぞ

　　　　　　　白神 慶太

1　はじめに

　白神兄弟の「生きた化石」ムカシトンボの研究を、自由研究大賞2013（ディスカバリージャパン主催　文部科学省後援）のグランプリに選んでくださり、コンクールのみなさんありがとうございました。そして、優勝賞品の研究を深めるスタディーツアーで、「インドネシアの昆虫調査旅行」に行かせてくださって、ありがとうございました。

2　研究の動機

　ぼくたち兄弟は、太古の昔から原始的な特徴を持ち続ける「生きた化石」とよばれるムカシトンボを研究しています。水温や流速の生息環境や、5年以上も石の下にしがみつくため吸盤のようになった幼虫の体の仕組みについて、観察をしました。

　トンボのなかまには、原始的な特徴をもつトンボがもう1種類います。それは、「ミナミカワトンボ科」です。成虫の羽には原始的な脈があり、幼虫は平べったい形で、渓流の石の下に張り付いて生息しているという、ムカシトンボと共通する特徴があります。ところが、ふしぎなことにミナミカワトンボ科の幼虫にだけは、腹部にエラがついています。図鑑でしか見たことのないこの幼虫の実物を、ぜひ観察したいと思いました。

3　研究の計画

　ミナミカワトンボ科は、アジアやヨーロッパ南部にかけて9属69種が知られています。日本では石垣島と西表島にしかいません。（日本のトンボ　文一総合出版より引用）

　昆虫調査には、専門家のたすけが必要です。

　インドネシアのジャワ島で活やく中の、インドネシア昆虫センターの吉川将彦さん（http://www48.tok2.com/home/iinsectc/）に相談しました。

そして、ジャワ島で、やってみたいことを3つ計画しました。
① 「ミナミカワトンボ科」のヤゴを発見する
② ふだんなかなか見られない、高地性の昆虫の生息環境を観察する
③ 擬態する昆虫の、身を守る工夫を観察する

4　予備調査

2014年2月23日、多摩動物公園昆虫園で、勉強してきました。
① 西表島の「楽しい採集旅行」という、きれいな標本箱がありました。スタディーツアーから帰ってきたら、楽しい標本を作ろうと思いました。
　ミナミカワトンボ科の「コナカハグロトンボ」が展示されてありました。
② 展示中のコーカサスオオカブト（ジャワ島産）

[すみか] 高地の森林　3本の長い角を持つ。アジアで最も大きなカブトムシ。熱帯にすんでいるが暑さは苦手。とかいてあります。夜行性で、姿を現してくれませんでした。

③ 葉っぱに擬態するコノハムシの展示

幼虫で小さかった

インドネシアで、たくさんの昆虫の実物をみたいです。

5　予想
① ミナミカワトンボ科の生息環境
　「生きた化石」ムカシトンボのヤゴが生息していた場所と同じような環境を、予想しました。
水温・・・
　ぼくたちの発見では、水温の低いところにすむ「生きた化石」ムカシトンボの幼虫が、8月29日の真夏(気温26.3℃)の渓流で水温21.7℃なのに生息していました。ジャワ島は暑いけれど、山の上の渓流は21.7℃くらいの水温だろうと予想しました。

流速・・・
　日本のカワトンボの幼虫は 0.21m/s のゆるやかな流速に生息していました。
　でも、ミナミカワトンボの幼虫は、石のうらにはりつく、ヒラタカゲロウのようなヤゴの形をしているというのだから、ぼくたちの実験結果のような 0.31〜0.39m/s（平均 0.35m/s）の流速にすんでいるのではないかと予想しました。

植物・・・
水がしみ出ていていて、ジャゴケが生えていると予想しました。

近くでみつかる水生昆虫・・・
　ヘビトンボ、ヒメクロサナエ（トンボ）、オニヤンマ（トンボ）、ミルンヤンマ（トンボ）、ヒラタカゲロウに似た水生昆虫が見つかるだろうと予想しました。

川底・・・
　しがみつきやすい石（レキ）が積み重なっているところにいると予想しました。

場所・・・
　水のあわだったところの近くと予想しました。

6　研究方法
1　生物調査
準備物
- タモあみ
- 白い容器
- むしめがね
- カメラ
- ピンセット

2 流速調査

準備物
・メジャー　・タコ糸　・うくボール　・ボタン・
ストップウォッチ　・カメラ・記録用紙・デジタル温度計

1　ひものついたうくボールを流す
2　流れるのにかかった時間を測定する
3　（流れたきょり）÷（流れた時間）＝流速 m/s
　　を計算機で求める
4　10回測定して、平均の値を求める
　　（cm の単位でもわかるように、小数第2位までにする。
　　四捨五入する。）

7　結果

ミナミカワトンボ *Euphaea variegata* の成虫3♂と、幼虫4匹を2かしょの川で見つけました。

・2014年3月28日
　インドネシア　スカブミ　ハリムン山源流域
　晴れのち曇り　14：40　幼虫3匹発見（白神慶太・白神大輝）
　　　　　　　　　　　　成虫3匹発見（白神大輝）
　気温25.0℃　　水温21.8℃

・2014年3月29日
　インドネシア　スカブミ　ハリムン山源流域（別の川）
　晴れのち曇り　14：30　幼虫1匹発見（吉川将彦さん）
　気温25.7℃　　水温22.8℃

① 生息地の温度の比較

	予想 （滋賀県でムカシトンボの幼虫を発見した最高温度）	結果 （インドネシアのジャワ島でミナミカワトンボの幼虫を発見した温度）
気温 ℃	26.3	3月28日　25.0 3月29日　25.7
水温 ℃	21.7	3月28日　21.8 3月29日　22.8

② 水生昆虫調査結果〈ミナミカワトンボの幼虫発見場所〉

	予想した水生昆虫	見つけた水生昆虫
主なトンボの幼虫	ヒメクロサナエ	ヒメクロサナエに似たサナエトンボ
	オニヤンマ	キモンミナミヤンマ
そのほか	ヘビトンボ	ヘビトンボ
	ヒラタカゲロウ	ヒラタカゲロウ

第1部　ミナミカワトンボのエラのなぞ

（左）ヤマトンボ科のヤゴ　（右下）カワトンボ科のヤゴ

　水路には、予想と同じ水生昆虫と、ヤマトンボ科とカワトンボ科のヤゴが多数いました。本流にはミナミカワトンボのヤゴと、カゲロウ、約2倍も大きいヒラタカゲロウやヒラタドロムシなどがいました。

③ トンボ調査結果

１７種同定しました

①
Macromia westwoodi
ミナミヤマ
トンボ科♀
2014年3月28日
ジャワ島
スカブミ

②
Euphaea variegata
ミナミカワ
トンボ科♂
2014年3月28日
ジャワ島
スカブミ

③
Orthetrum glaucum
タイワンシオカラ
トンボ♀
のなかま
2014年3月29日
ジャワ島
スカブミ

④ *Rhinocypha heterostigma*
ハナダカトンボ♂
(Matti Hamalaine 博士同定)
2014年3月29日
ジャワ島
スカブミ

⑤ *Heliocypha fenestrata*
ハナダカトンボ♀
(Matti Hamalaine 博士同定)
2014年3月29日
ジャワ島
スカブミ

⑥ *Anax panybeus*
リュウキュウギンヤンマ♂
2014年3月28日
ジャワ島
スカブミ

⑦
Vestalis luctuosa
カワトンボ♂と♀
2014年3月28日
ジャワ島
スカブミ

⑧
Crocothemis servilia servilia
タイリクショウジョウトンボ♂
2014年3月29日
ジャワ島
スカブミ

⑨
Neurothemis fluctuans
フチドリベッコウトンボ♂
2014年3月29日
ジャワ島
スカブミ

第1部　ミナミカワトンボのエラのなぞ

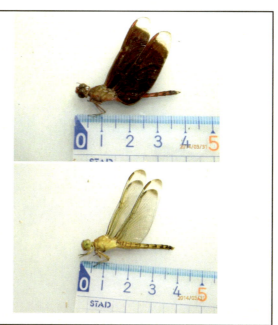

⑩
Neurothemis terminata terminata
ナンヨウベッコウトンボ♂♀
2014年3月29日
ジャワ島
スカブミ

⑪
Orthetrum pruinosum pruinosum
コフキショウジョウトンボ♂♀
2014年3月29日
ジャワ島
スカブミ

⑫
Orthetrum sabina sabina
ハラボソトンボ♀
(オスも採集)
2014年3月29日
ジャワ島
スカブミ

⑬ *Pseudagrion pruinosum*
イトトンボ科♂
2014年3月29日
ジャワ島
スカブミ

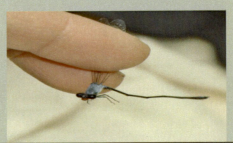

⑭
Agriocnemis pygmaea
ヒメイトトンボ♂♀
2014年3月29日
ジャワ島
スカブミ

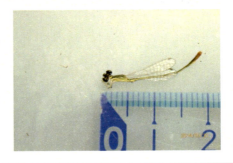

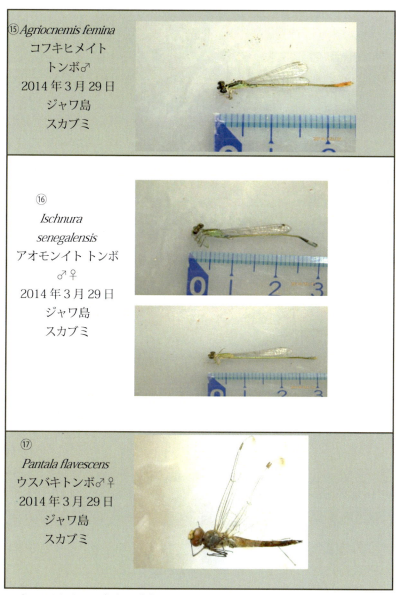

⑮ *Agriocnemis femina*
コフキヒメイトトンボ♂
2014年3月29日
ジャワ島
スカブミ

⑯ *Ischnura senegalensis*
アオモンイトトンボ
♂♀
2014年3月29日
ジャワ島
スカブミ

⑰ *Pantala flavescens*
ウスバキトンボ♂♀
2014年3月29日
ジャワ島
スカブミ

　ウスバキトンボが一番多かったです。日本と同じです。
　沖縄でみられるトンボは⑥⑧⑨⑩⑪⑫⑭⑮⑯⑰と１０種類も見られました。

※羽のきれいな大型のトンボのヤンマは、写真だけです。

あと、幼虫は7種類、羽化殻は5種類を採集しました。

④ 植物調査結果 〈ミナミカワトンボの幼虫発見場所〉

２か所とも、ジャゴケに似たコケが石についていました

⑤ 流速実験結果
（予想は、0.31〜0.39m/s（平均0.35m/s）です）
　ふつうのカワトンボの幼虫がいた渓流と、ミナミカワトンボ科のいた渓流で、それぞれ１ｍの川の流れを測定して、流速を求めました。
　ミナミカワトンボ科がいた場所は、平均流速0.1m/sでした。

	カワトンボがいた渓流		ミナミカワトンボ科がいた渓流	
	秒	m/s	秒	m/s
1	1.61	0.62	11.61	0.09
2	2.09	0.48	10.61	0.09
3	2.48	0.4	11.5	0.09
4	1.85	0.54	9.42	0.11
5	1.63	0.61	11.07	0.09
6	1.43	0.7	10.4	0.1
7	2.02	0.5	11.41	0.09
8	1.56	0.64	10.56	0.09
9	1.94	0.52	10.65	0.09
10	1.52	0.66	11.92	0.08
平均流速		0.57		0.1

インドネシアのカワトンボ

幼虫

幼虫の腹部には、エラはついていません。尾鰓（びさい）という3枚のエラが腹部の先についています。細長い形で、川岸の草や根に、さかさまになってつかまっています。

＜生息環境＞
がけの上の山地の渓流
植物の根元　深さ約20ｃｍ

インドネシアのミナミカワトンボ（*Euphaea variegata*）と幼虫

成虫の羽は、緑や青、紫などに輝く構造色のもようがついています。ピカピカしてとても美しいです。表と裏の色は違います。

幼虫の腹部に、7対のエラ(腹鰓)がついているのが確認できました。
腹部の先には、先がとがった袋の形をしたエラが3個ついています。

生息環境

水のしみ出ているコケの生えているようなところ

石（レキ）が川底に積み重なっていました

深さは約12ｃm

あわだったところの近くで平瀬や早瀬、ふちが連続している近くでした。

第1部　ミナミカワトンボのエラのなぞ

ここより上流や下流側では、流れが速く、見つかりませんでした。

8 観察

① ミナミカワトンボの幼虫は、つかまえると、3つの尾鰓がくっついて、触角の付いた大きな頭のような形になりました。

② ミナミカワトンボの幼虫を3匹いっしょにしていたら、共食いをしました。
こうげきされた場所は尾鰓と、脚です。
動くものがねらわれたようです。

③ 発見したとき、すでに3つとも尾鰓がとれたものもいました。尾鰓がなくても、川では呼吸ができるようです。

④ 実体顕微鏡（Vixen SL－40N　20倍）でエラを観察しました。
本にあった通り、7対ありました。頭側が一番長いです。
尾鰓に近いほど短いことがわかりました。

⑤ ビデオで録画をしました。

・ミナミカワトンボの幼虫は、つるつるしたところに張り付ける
・いつも体をくねらせている
・尾鰓がふりこのように動いている
・体をゆらすと、腹のえらもゆれてたくさんの酸素が取りこまれるようだ

9 考察

「原始的なエラをもつミナミカワトンボ」の幼虫は、「生きた化石ムカシトンボ」の幼虫と似ている点があることがわかりました。

原始的なエラをもつミナミカワトンボの幼虫

生きた化石ムカシトンボの幼虫

ミナミカワトンボ		ムカシトンボ
源流域のふち、たまり水の泡だったところの近く	生息環境	源流域の早瀬～平瀬水の泡だったところの近く
21.8℃と22.8℃	最高水温	21.7℃
0.1m/s	流速	0.31～0.39（0.35）m/s
ジャゴケに似たコケ	植物	ジャゴケ
ヒメクロサナエ、ヒラタカゲロウ、ヘビトンボに似た水生昆虫	生息地の生物	ヒメクロサナエ、ヒラタカゲロウ、ヘビトンボ
レキ（小石）が重なっている	川底	レキ（小石）が重なっている
尾鰓が簡単にちぎれてにげる	特徴	つかまると、ギシギシ鳴く
体をくねらせて酸素を腹のエラに送りこむ	酸素不足	うで立てふせをして、酸素を体に送りこむ

●ムカシトンボと違っておそい流速にいた理由
　頭より大きなエラを尾につけているので、早い流れのところにいるのは難しいのだろうと思いました。

●ムカシトンボと違って体をいつもゆすっている理由
　流れのおそいところは、酸素が少ないので、体をゆすって酸素を体に送りこまないといけないのだろうと思いました。

●ほかのトンボが持っていない、腹の原始的な7対のエラがついている理由
　尾のエラは、簡単にちぎれます。だから、身を守るためについているのだろうと考えました。
　腹のエラの方が、本当の役目をしている方のエラだと考えました。
　遅い流れのところには、外敵の小魚やカニや肉食の水生昆虫がたくさんいました。いつもおそわれる危険があります。食いつかれても、ちぎれて逃げることができます。
　2種類のエラをもっていることが、太古の昔から生きのびてきたヒミツだと思いました。

10　今後の課題

苅部　治紀先生（神奈川県立生命の星・地球博物館主任学芸員）から、次のコメントをいただきました。

ミナミカワがなぜ腹鰓があるのか？は非常に難しい問題です。単純に環境のせいではないので、（腹鰓がない種類も普通にいるわけですから）、大人になってもっと深く突っ込んだ研究をしてもらえるとよいものになると思います。

ぼくは、トンボでは、幼虫と羽化殻を主に研究しています。これらを研究している人は少なくて、まだまだ分からないことだらけです。日本のトンボだけでなく、インドネシアのトンボについてももっと調べたいと思いました。

11　標本写真

弟の大輝が、採集した昆虫の楽しい標本を作りました。一部紹介します。

1　楽しいトンボ採集旅行（インドネシアのジャワ島のトンボ17種）

2　日本のナナフシ　vs　ジャワ島産の巨大ナナフシ

実際にならべると、大きさの違いがよくわかりました。

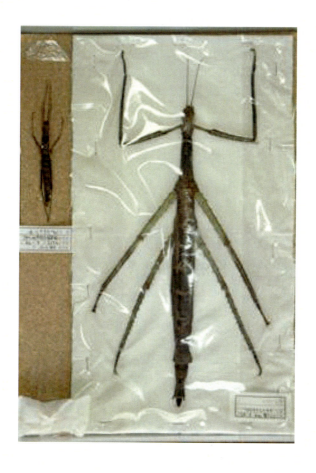

3　インドネシアの巨大昆虫 vs 日本の昆虫

　日本の昆虫は小さいけれど、つくりがカッコよくてかわいいと思いました。

第1部　ミナミカワトンボのエラのなぞ

　オバケコロギスは、インドネシアにしかいません。とても凶暴で、大きなカマキリも食いちぎります。日本のコロギスの2倍以上も大きいです。なぜこんなに大きくなるのかは、わかっていないそうです。

　※オバケコロギスの標本作製は、吉川　将彦さん
　　日本のコロギス採集は、高石　清治さん

4　インドネシアのめずらしいチョウとガ

　大きなガは、**ヨナグニサン**です。
　左上のチョウは、**カルナルリモンアゲハ**です。色があざやかで、きれいです。

5　吉川　将彦さん作製の樹脂標本

　飛行機には、幼虫標本用のエタノールを持ちこめません。それで、幼虫の標本を保存する方法を、吉川さんに相談しました。
　すると、吉川さんのインドネシア昆虫センターの工場で、アクリル樹脂標本にしてくださいました。

第1部　ミナミカワトンボのエラのなぞ

　これならこわれないし、きれいだし、運べるし、こわくないです。
　この研究のことを聞いてもらいたい人にぼくが説明するとき、手に取って見てもらうことができます。

　工場見学をしたかったけれど、吉川さんの楽しい標本や生きた成虫をじっくりみていたら、6時間くらいたってしまいました。帰国の時間がきて、見れませんでした。吉川さんのHPに工場の紹介があるので、それを見ました。
　http://www48.tok2.com/home/iinsectc/fuunyuukaukoukouzyou.html

　オバケコロギスの脚とか、口とか、おなかの側からじっくり観察したくなり、吉川さんに樹脂標本も注文しました。

航空便で、とどきました。ほんとうに大きいことがよくわかります。どんな方向からも、よく見えます。標本もこわれません。
友達にも見せたいです。

12　感想
　インドネシアのジャワ島の高地には沖縄のとんぼや、きれいな羽のトンボやチョウもいて、昆虫の宝庫だと思いました。
　いつも夏なので、一年中昆虫だらけです。エサが多いから、昆虫も巨大になれるんだろうなあと思いました。巨大昆虫は、きょうぼうですぐおそってかみついてきます。だから、ミナミカワトンボ以外の虫たちも、おそわれないように葉っぱや枝に擬態したり、夜活動したりして、生き残るために工夫していることがわかりました。
　ぼくはこの夏、オオクワガタの幼虫の飼育にチャレンジしています。室温を25℃くらいに保つと、大きな成虫になるそうです。大

きな昆虫になるには、温度も関係していそうです。
　急に引っこしと転校をすることになったので、お父さんがインドネシアの昆虫調査の旅行にまた行かせてくれることになりました。8月1日から7日に行きます。吉川さんと一緒に、ジャワ島で研究してきます。インドネシアの夏には、どんな気温や天気になるのか、どんな昆虫がいるのか、調査が楽しみです。

13　謝辞
●「インドネシア昆虫センター」の吉川　将彦さん
(http://rareinsect.kacchaokkana.com/)
が、インドネシアの昆虫調査旅行の計画をたててくださいました。
http://www48.tok2.com/home/iinsectc/index.htm
そして、インドネシアのジャワ島の昆虫の採集・標本作製の協力、種名の同定の協力をしてくださいました。ありがとうございました。
●吉川将彦さんのご紹介で、インドネシアのトンボ研究の第一人者、**苅部　治紀先生（神奈川県立生命の星・地球博物館主任学芸員）**に同定の一部のご協力をいただきました。また、研究を読んでくださって、コメントをいただきました。
どうもありがとうございました。
●苅部治紀先生のご紹介で、フィンランドのハナダカトンボの研究の第一人者、Matti　Hamalaine博士にも同定していただきました。

14 参考文献

- 「日本のトンボ」
  - 著者　尾園暁　川島逸郎　二橋亮
  - 発行所　株式会社　文一総合出版
  - 2012年7月10日初版第1刷発行
- 「沖縄のトンボ図鑑」
  - 著者　尾園暁　渡辺賢一　焼田理一郎　小浜継雄
  - 発行所　ミナミヤンマ・クラブ株式会社
  - 2007年8月16日初版第1刷発行
- 「ニューワイド　学研の図鑑　カブトムシ・クワガタムシ」
  - 発行人　岡俊彦
  - 編集人　志村隆
  - 発行所　株式会社学習研究社
  - 2008年6月16日増補改訂版発行
- 「ニューワイド　学研の図鑑　昆虫」
  - 発行人　真当哲博
  - 編集人　佐藤幹夫
  - 発行所　株式会社学研教育出版
  - 2010年5月21日第12刷発行
- 「ニューワイド　学研の図鑑　世界の昆虫」
  - 発行人　松原史典
  - 編集人　松下清
  - 発行所　株式会社学研教育出版
  - 2012年2月2日第3刷発行

第2部
ミナミカワトンボのはねのなぞ

　　　　　　　白神 大輝

1　はじめに

　ぼくは、幼稚園の時から兄ちゃんと昆虫の研究をしていました。兄ちゃんがトンボを専門に決めました。兄ちゃんはとくにギンヤンマのヤゴが好きで、プールからすくって飼育してトンボにしてはなしていました（プールのヤゴ救出大作戦）。夏休みや春休みは毎日出かけていたので、ぼくはトンボの成虫を採集するのが上手になりました。

　ぼくが小学1年生の時、トンボの宝庫の滋賀県に引っ越しました。滋賀県で貴重なトンボのヤゴ（キイロヤマトンボ、ムカシトンボ）の新産地を発見したり、絶滅危惧Ⅱ類（VU）のトンボのオオサカサナエの研究をしたりして、専門家の先生たちにほめられました。

　運よく、コンクールのグランプリに選ばれました。それで、3月に優勝賞品のインドネシア昆虫調査旅行に行くことができました。

　おかげで、図鑑や昆虫館でしか見たことがなかった外国の昆虫が、どんな所にすんでいるのかわかりました。とくに、目標にしていたミナミカワトンボの幼虫を発見できて、兄ちゃんの夢がかないました。

　ぼくは、生きたままのカブトやクワガタを持って帰って飼育してみたかったし、もっといろんなトンボの成虫を発見したかったので、いつかまた、ジャワ島へ研究しに行きたいと思いました。

　ジャワ島の旅行から帰って2か月後の6月に、すごく運の悪いことが起きました。突然、家の引っ越しと転校をしなくてはいけなくなったのです。そして、飼っていた昆虫の多くが引っ越しで死んでしまいました。

　お父さんがぼくたちをかわいそうに思ってくれて、夏休みにもう一度、インドネシアに行かせてくれました。

第2部　ミナミカワトンボのはねのなぞ

2014年3月　現地人がとってくれた写真

2　研究の動機

　太古の昔から原始的な特徴を持ち続ける「生きた化石」とよばれるムカシトンボを研究しています。ぼくたち兄弟は、今年の5月、ムカシトンボの産卵をついに観察することができました。

　トンボのなかまには、原始的な特徴をもつトンボがもう1種類います。それは、「ミナミカワトンボ科」です。3月にミナミカワトンボ Euphaea　variegata の成虫♂をインドネシアのジャワ島の源流域でみつけました。

　日本のトンボと違って、翅がキラキラで、虹色をしていて、とてもきれいです。採集して観察すると、翅の表とうらの模様の色がちがうことがわかりました。とてもおどろきました。(ジャワ島のミナミカワトンボの研究パート1)

　それで、なぜ色が違うのか？そして、♀はどこでどんなふうに産卵するのか？8月にジャワ島へ行って研究することにしました。

ミナミカワトンボ♂
(翅を閉じた状態)

ミナミカワトンボ♂
(翅を開いた状態)

3 事前調査

　日本に生息するミナミカワトンボについて、調べました。
　ミナミカワトンボ科 Euphaeidae は、南北アメリカとアフリカ、オーストラリア以外の旧大陸だけに分布し、9属69種知られています。
　熱帯の光を受けて♂の翅がむらさきや赤色に美しく輝く種が多い点でも、ハナダカトンボ科に外観が似ています。
　日本には、2属2種が生息しています。
　幼虫にソーセージ形の尾鰓があり、また腹部腹面にも腹鰓があります。

　次のような特徴があります。

コナカハグロトンボ *Euphaea yayeyamana* 絶滅の恐れのある地域個体群 （石垣島）	種名 沖縄県版 レッドリスト	チビカワトンボ *Bayadera ishigakiana*
石垣島と西表島 （特産種）	生息地	石垣島と西表島 （特産種）
3月～12月	成虫の見られる季節	4月～6月
森林のよく発達した山間の渓流	幼虫の育つ環境	山間の源流域の渓流
1年程度	幼虫期間	1年程度
成熟♂は体色が赤色になる ♂の翅は前翅先端と後翅に濃褐色の斑紋があり、角度によって赤紫に輝く	形態	成熟♂は白粉をおびる 翅は無色透明
翅をたたんで止まるときどきパタリと開いて見せることがある	生態	羽化は、川の中から突き出た大きな石や枯木にのぼって行われる。

水辺の石や植物に静止してなわばりをする。交尾は石や植物に止まって行う。	交尾	成熟♂は流畔の石などにとまってなわばりをする。♀を発見すると連結して石の上や木の枝に止まり、交尾する。
連結態のまま水面付近の朽木や倒木に産卵する。♀が潜水を始めると♂は連結を解いて水面上で見守る。	産卵	連結態か単独で石の生えたコケ類などに静止して産卵する。

　それから、ハナダカトンボ科 Chlorocyphidae についても、調べました。

　ひたいが前にとびだしている「鼻高トンボ」の仲間で、腹部が後翅より短い変わった形をしています。

　熱帯の直射日光を受けて翅がむらさき色に美しく輝くもの、褐色、無色無斑のものなどさまざまです。

　アフリカ、インド、東南アジアなどにかけて１７属約１２０種が分布し、新大陸にはいません。

　幼虫に左右２本のかたい棒状の鰓があります。

第2部　ミナミカワトンボのはねのなぞ

ハナダカトンボ Rhinocypha ogasawarensis 絶滅危惧1B（EN） 採取禁止種 国指定天然記念物	種名 レッドリスト	ヤエヤマハナダカトンボ Rhinocypha　uenoi
小笠原諸島母島兄島弟島	生息地	石垣島と西表島 （特産種）
4月～11月	成虫の見られる季節	6月～11月
年中水のかれることのない植生の多い小流	幼虫の育つ環境	樹林におおわれたうす暗い渓流
1年程度	幼虫期間	1年程度
成熟♂は腹部が赤色、胸部が白粉を帯びる。♂は後翅先端に褐色斑がある♀には、赤みの強い個体と黒い個体がいる。	形態	♂♀で体色や斑紋があまりかわらない。 成熟すると腹部の赤みが増す。
きわめて敏感で、人影があると一瞬で逃げる。	生態	♀は産卵の時以外は、流畔の樹上にいて、ときおり飛び立っては小昆虫を捕食する。
成熟♂は、うす暗い渓流で、こもれ日のさす場所にある枯木や石に止まってなわばりをする。他の♂が近づくと、脚の白い部分を時々見せて空中で争う。♀が現れると連結して樹上に上がる。	交尾	成熟♂は渓流のこもれ日のさす場所でとまってなわばりをする。♂は♀の正面で翅をこきざみにふるわせたあと、♀をとらえる。 主に夕方水辺の植物に静止して交尾する。

| おもに夕方、流れの中や水際の朽木や木の根に単独にとまって産卵する。 | 産卵 | ♀は水際の朽木などに単独で産卵する。 |

4 予想

　日本のミナミカワトンボ２種のうち、翅がキラキラしているコナカハグロトンボを参考にして予想をしました。

●前回調査した３月は、３頭しか採集できませんでした。
　コナカハグロトンボの出現季節は３月～１１月なので、*Euphaea variegata* がコナカハグロトンボと同じような生態をしているなら、今回調査する８月は、とても個体数が多いだろうと予想しました。

●３月の３頭は、時期的に未成熟だったので、８月の個体は成熟個体が多いだろう、と予想しました。

●♂は水辺の石や植物にとまってなわばりをし、♀も水辺の植物に現れるだろう、と予想しました。

●*Euphaea variegata* ♀は、連結したままか単独で岸の植物か朽木に産卵するだろう、と予想しました。

●ハナダカトンボ科については、３月に２種みつかりましたが、♂と♀が１頭ずつしか見つかりませんでした。（色が鮮やかな♂が見つかっていません。）
　日本のハナダカトンボ科の出現は、４～１１月、６～１１月の出現なので今回の８月の調査では、とても個体数が多いだろうと予想しました。

それから、

●3月の調査で採集できなかったミナミヤンマについては、日本の西表島に生息するイリオモテミナミヤンマの成虫の生息期間が5月〜8月なので、もしかしたら見つかるかもしれないと予想しました。

●インドネシアには、雨季（雨が多い）と乾季（雨が少ない）があって、気温はいつも高くて湿度が多い熱帯雨林気候です。3月と8月では雨の量が違うようですが、流速が同じでないと同じ場所に生息できないと思うので、流速は同じような値になる、と予想しました。

●「ムカシトンボの今年の研究で、出現する時間には、川に日がさしこみ気温が20℃以上で、チョウがたくさんとんでくる」ことがわかりました。川に来るチョウを目印にさがせば、ミナミカワトンボが見つかると予想しました。

5 研究の計画

インドネシア昆虫センター吉川将彦さんに、また相談しました。
そして、ジャワ島で、やってみたいことを計画しました。

① 調査地は、「ミナミカワトンボ科 *Euphaea variegata*」のヤゴと成虫を3月に発見した川と、さらに別の新しい川へ行く。
② 温度の調査　3月と8月では気温や水温に違いがあるのか調査する
③ トンボ調査　見つかっていないトンボの♂と♀をできるだけ発見する
④ 流速実験　ふつうのカワトンボ科とミナミカワトンボ科の生態の違いを観察する。それぞれがいる川の流速を測定して、3月の結果と比べる。

⑤ 観察　*Euphaea variegata* の成虫♂を見つけ、なわばりの近くで産卵にきた♀の観察をする。写真と動画をとる。
⑥ 植物調査をする。
⑦ チョウの実験　川に来るチョウを目印に、ミナミカワトンボの出現を発見できるか。

6　研究方法
1　生物調査
＜準備物＞
- 虫網
- タモあみ
- 白い容器
- 三角紙
- カメラ2台（動画用、写真用）
- ピンセット
- 標本作製用に、エナメルリムーバーのシート（飛行機にアセトンの液体をのせられないから）
- 小さいはさみ（飛行機に乗せられるはさみ）

2　流速調査
＜準備物＞
- メジャー
- タコ糸
- うくボール
- ボタン
- ストップウォッチ
- カメラ
- 記録用紙
- デジタル温度計

第2部　ミナミカワトンボのはねのなぞ

＜流速実験方法＞
1　ひものついたうくボールを流す（きょりは、測定できる長さ）
2　流れるのにかかった時間を測定する
3　（流れたきょり）÷（流れた時間）＝流速 m/s
　　を計算機で求める
4　10回測定して、平均の値を求める
　　（cmの単位でもわかるように、小数第2位までにする。
　　四捨五入する。）

7　結果

① ミナミカワトンボ *Euphaea variegata* の成虫１４♂１♀の合計１５頭と、幼虫７匹を２かしょの川で見つけました。

・2014 年 8 月 4 日
インドネシア　スカブミ　ハリムン山源流域（新しい場所）
晴れのちくもり　気温 23.7℃　　水温 21.1℃
流速は、早すぎて測れなかった

11：24　成虫１頭発見（白神大輝）

・2014 年 8 月 6 日
インドネシア　スカブミ　ハリムン山源流域（3 月の場所）
　晴れ　気温 24.4℃　　水温 20.1℃

11:15 成虫♂1匹目発見(白神大輝)　　13:22 成虫♀1匹目発見(白神大輝)

② 気温と水温についての調査結果

	滋賀県大津市 （日本） ムカシトンボを 発見した最高温度	ジャワ島Halimun （インドネシア） ミナミカワトンボを 発見した温度	
気温 ℃	26.3	3月28日　25.0 3月29日　25.7	8月4日　23.7 8月6日　24.4
水温 ℃	21.7	3月28日　21.8 3月29日　22.8	8月4日　21.1 8月6日　20.1

＜考察＞

ジャワ島では、8月なのに3月の時よりも、気温と水温が1℃くらい低かったです。

ジャワ島の源流では、日本と違って、水温や気温は変化が少ないようです。

ミナミカワトンボのヤゴを、ムカシトンボとほぼ同じ21℃の水温で発見することができました。

③ トンボの調査

2回の調査で、22種採集、3種撮影、1種を目げき

科名　種名	♂	♀
ミナミカワトンボ科 *Euphaea variegata* 2014年8月6日 スカブミ		
カワトンボ科 *Vestalis luctuosa* 2014年8月6日 スカブミ		

ハナダカ トンボ科 *Heliocypha fenestrata* 2014年8月6日 スカブミ	未成熟♂ 成熟♂	
ハナダカ トンボ科 *Rhinocypha heterostigma* 2014年8月6日 スカブミ		
サナエトンボ科 *Ictinogomphus decorates* 2014年8月5日 スカブミ	（採集できなかった）	見つからなかった
トンボ科 ヒメアカトンボ *Brachythemis contaminate* 2014年8月3日 ボゴール		

トンボ科 コフキオオメトンボ *Zyxomma* *Obtusum* 2014年8月3日 ボゴール	 （採集できなかった）	もくげきのみ
トンボ科 タイワンシオカラトンボ *Orthetrum glaucum* の仲間 2014年8月5日 スカブミ	 （採集できなかった）	
トンボ科 タイリク ショウジョウトンボ *Crocothemis servilia* *servilia* 2014年8月5日 スカブミ		 （採集できなかった）
トンボ科 コフキ ショウジョウトンボ *Orthetrum pruinosum* *pruinosum* 2014年8月6日 スカブミ	 	

トンボ科 ウスバキトンボ *Pantala flavescens* 2014年3月28日 スカブミ		
トンボ科 フチトリ ベッコウトンボ *Neurothemis fluctuans* 2014年8月5日 スカブミ	未成熟♂ 成熟♂	見つからなかった
トンボ科 ナンヨウ ベッコウトンボ *Neurothemis terminata terminata* 2014年8月5日 スカブミ		

第2部　ミナミカワトンボのはねのなぞ

トンボ科 *Potamarcha congener* 2014年8月5日 スカブミ	見つからなかった	
トンボ科 ハラボソトンボ *Orthetrum sabina sabina* 2014年8月5日 スカブミ		
Zygonyx ida 2014年8月5日 スカブミ		見つからなかった
ヤンマ科 2014年3月29日 スカブミ	見つからなかった	（採集できなかった）

ミナミヤマトンボ科 *Macromia westwoodi* 2014年3月28日 スカブミ	見つからなかった	
ヤンマ科 リュウキュウギンヤンマ *Anax panybeus* 2014年3月28日 スカブミ		見つからなかった
オオヤマトンボ科 *Epophthalmia vittigera vittigera* 2014年8月5日 スカブミ		
Idionyx属 *Idionyx montana* 2014年8月6日 スカブミ	見つからなかった	
モノサシトンボ科 *Copera marginipes* 2014年8月5日 スカブミ		

第2部　ミナミカワトンボのはねのなぞ

イトトンボ科 *Pseudagrion pruinosum* 2014年8月6日 スカブミ		
イトトンボ科 ヒメイトトンボ *Agriocnemis pygmaea* 2014年8月5日 スカブミ		
イトトンボ科 コフキ ヒメイトトンボ *Agriocnemis femina* 2014年8月5日 スカブミ	未成熟♂ 成熟♂	未成熟♂ 成熟♂
イトトンボ科 アオモン イトトンボ *Ischnura senegalensis* 2014年8月5日 スカブミ		

<調査結果>

● 新しく採集できたトンボは、１１種類もあります。４と１０以外は、日本に生息していないトンボでした。４〜８と１１の６種類は、今回初めて採集しました。

1　ミナミカワトンボ科　*Euphaea variegata* ♀
2　ハナダカトンボ科　*Heliocypha fenestrate* ♂
3　ハナダカトンボ科　*Rhinocypha heterostigma* ♀
4　トンボ科ヒメキトンボ　*Brachythemis contaminate* ♂♀
5　トンボ科　*Potamarcha congener* ♀
6　オオヤマトンボ科　*Epophthalmia vittigera vittigera* ♂♀
7　Idionyx属　*Idionyx montana* ♀
8　モノサシトンボ科　*Copera marginipes* ♂♀
9　イトトンボ科　*Pseudagrion pruinosum* ♀
10　イトトンボ科　コフキヒメイトトンボ
　　　Agriocnemis femina ♂成熟（白粉）♀
11　*Zygonyx ida* ♂

● あみが使えなかったり、おしいところで採集できなかったけれど、写真だけとれて新しく生息を確認できたトンボは２種類でした。

1　サナエトンボ科　*Ictinogomphus decorates* ♂
2　トンボ科　コフキオオメトンボ　*Zyxomma obtusum*
　　♂と♀

● ミナミカワトンボ科　*Euphaea variegata* は、３月は３♂、８月は１３♂１♀採集しました。

● ハナダカトンボ科　*Heliocypha fenestrate* は、３月は１♀でしたが、８月は１２♂５♀でした。予想通り、８月の方が、個体数が多かったです。

一方、ハナダカトンボ科 *Rhinocypha heterostigma* は、3月は1♂、8月は2♀しか見つかりませんでした。日本ではカラフルな方が絶滅危惧種で採取禁止になっているくらい数が少ないのに、ジャワ島ではカラフルな方のハナダカトンボの方が、数が多い結果になりました。

● ミナミヤンマは、天気がくもったせいか、現れませんでした。でも、10月22日ごろ、ミナミヤンマのオスとメスが飛んでいて、採集したよ、と現地人が教えてくれました。

<調査結果の考察>
●ミナミカワトンボ科 *Euphaea variegata* は、予想通り、8月の方が、個体数が多かったです。

●ハナダカトンボ科 *Heliocypha fenestrate* も、予想通り、8月の方が、個体数が多かったです。

●インドネシアは、日本のように春夏秋冬がない気候だけど、トンボの数は8月が3月よりも多いことがわかりました。

④ 流速実験結果
1 流速実験
・2014年3月28日　晴れのち曇り　気温25.0℃　水温21.8℃
　インドネシア　ジャワ島　スカブミ

ふつうのカワトンボの幼虫がいた渓流と、ミナミカワトンボ科のいた渓流で、それぞれ1mの川の流れを測定して、流速を求めました。
ミナミカワトンボ科がいた場所は、平均流速0.1m/sでした。ふつうのカワトンボがいた渓流の場所は少し早く、平均流速0.57m/sでした。

	カワトンボがいた渓流		ミナミカワトンボ科がいた渓流	
	秒	m/s	秒	m/s
1	1.61	0.62	11.61	0.09
2	2.09	0.48	10.61	0.09
3	2.48	0.4	11.5	0.09
4	1.85	0.54	9.42	0.11
5	1.63	0.61	11.07	0.09
6	1.43	0.7	10.4	0.1
7	2.02	0.5	11.41	0.09
8	1.56	0.64	10.56	0.09
9	1.94	0.52	10.65	0.09
10	1.52	0.66	11.92	0.08
平均流速		0.57		0.1

実験中の様子

カワトンボがいる渓流　　　ミナミカワトンボがいる渓流

2　流速実験

・2014年8月6日　くもり　気温24.4℃　水温20.1℃
インドネシア　ジャワ島　スカブミ

　ふつうのカワトンボの幼虫がいた渓流と、ミナミカワトンボ科♀が産卵した渓流と、その幼虫を発見した場所で、それぞれ1.2mの

川の流れを測定して、流速を求めました。

　ミナミカワトンボ科♀が産卵した場所は、平均流速 0.2m/s でした。幼虫を発見した場所は、平均流速 0.18m/s でした。ふつうのカワトンボがいた渓流は流れがはやく、平均流速 0.54m/s でした。

	Vestalis luctusa（カワトンボ科）の多い場所		*Euphaea variegata*（ミナミカワトンボ科）産卵場所		*Euphaea variegata*（ミナミカワトンボ科）幼虫発見場所	
	秒	m/s	秒	m/s	秒	m/s
1	2.07	0.58	5.44	0.22	6.06	0.20
2	2.06	0.58	7.79	0.15	7.32	0.16
3	2.12	0.57	8.12	0.15	6.14	0.20
4	2.67	0.45	5.84	0.21	8.17	0.15
5	2.14	0.56	6.24	0.27	6.32	0.19
6	2.09	0.57	4.52	0.27	6.33	0.19
7	2.18	0.55	6.97	0.17	7.04	0.17
8	2.15	0.56	8.03	0.15	6.03	0.20
9	2.57	0.47	6.15	0.20	5.86	0.20
10	2.54	0.47	5.61	0.21	7.39	0.16
平均流速		0.54		0.2		0.18

実験中の様子

カワトンボがいる渓流

ミナミカワトンボがいる渓流

考察

　1と2の流速実験からつぎのように考察しました。

●3月と8月の流速実験の結果は、ほぼ同じ値になりましたが、8月が少し早いです。

●ふつうのカワトンボ（*Vestalis luctusa*）の幼虫は、流速の早い0.54〜0.57m/sの渓流の岸に生えた植物のくきや根につかまって生息しているようです。

●腹鰓のある原始的なミナミカワトンボ（*Euphaea variegata*）の幼虫は、川の源流の0.1〜0.2m/sの流速のおそい川で、少し浅い部分にある、浮石につかまって生息しているようです。

●ミナミカワトンボ（*Euphaea variegata*）♀は、幼虫がいるところと同じような、おそい流速の所へ産卵に来ました。

インドネシアのジャワ島の源流域で、雨季後半（3月）と乾季（8月）の2回流速実験をした結果、時期を変えてもミナミカワトンボの生息する川の流速は、約0.1～0.2m/sで安定した環境であることがわかりました。

本当は、この場所ではカワトンボが生息する0.54～0.57m/sの流速の早い場所です。流速がゆるやかになっている理由は、ここに堰堤（えんてい）と水路がつくられているからです。そのために流速がおそくなっているのです。この場所を利用してミナミカワトンボが生息しているようだということがわかりました。

2014年3月
（雨季後半）

2014年8月
（乾季）

⑤ 観察
1、成虫の生態観察でわかったこと
・ミナミカワトンボ♂はカワトンボ♂のように、なわばり争いのバトルをしない。岸辺にとまって、なわばりを守っていました。

カワトンボ♂のなわばり争い

ミナミカワトンボは、とまってなわばりを守る

第2部　ミナミカワトンボのはねのなぞ

・ミナミカワトンボは日の当たる所に出てきて、羽のキラキラを目立たせようとしていました。産卵場所に近い所にいる♂の翅は、ピンクむらさき色でした。

- 横の水路の早い流れに沿って飛んでいる♂の翅の模様の色は、青色でした。

- メスは、ピンクむらさき色の♂がなわばりをはっている真上に来ました。

- 川にはりだした葉っぱの先にとまって、ゆっくり産卵を始めました。

第2部　ミナミカワトンボのはねのなぞ

ミナミカワトンボ（*Euphaea variegata*）の♀

・葉っぱはやわらかくて、♀は産卵管で穴をあけるようにうみつけていました。
・オスたちが近よってきました。連結して飛び去るので、観察するために採集しました。

2、♀の産卵と卵の観察、♂のなわばりについての観察を
　　ムカシトンボと比較

　帰国してから、採集した卵を実体顕微鏡（Ｖｉｘｅｎ SL―４０N）
４０倍で観察しました。

	ムカシトンボ	ミナミカワトンボ
♀		
産卵植物	単独 岸の植物に産み付ける	単独 岸の植物に産み付ける
時間	ゆっくり 12：33 もくげき	ゆっくり 13：36 もくげき
場所	♂に見つかりにくい暗い場所	♂によく見える高い植物の葉の先
気温	21.9℃	24.4℃
卵 ×40	細長い	細長い、先がとがる

第2部　ミナミカワトンボのはねのなぞ

産卵管	管が曲がっている	管がするどい
♂		
出現	5～6月に多い（約1か月間） 気温が20℃以上の日差しがある時 ひなたとひかげの境などを飛ぶ	3月と8月に確認 石の上や葉、えだの上にとまる ひなたにとまる
なわばり	・未成熟♂は、小さななわばりをホバリングする ・成熟♂は、川に沿ってパトロールする （上流に向かって一直線に飛ぶ） 仲間同士のバトルはない	・未成熟♂は、支流の川に沿ってパトロールする ・成熟♂は、とまってなわばりを守る 仲間同士のバトルはない

・卵はムカシトンボのように細長いです。岸に生えたやわらかい植物に産み付けるのも同じでした。♀が単独産卵するのも同じでした。
・ムカシトンボは無色の翅ですが、ミナミカワトンボの♂は、全然ちがっていて、翅にキラキラ光るもようがあります。構造色で、はねを閉じて止まっているときは、青～ピンクむらさき色に輝きます。はねを開いて飛んでいるときは、緑色の模様が見えます。

・ムカシトンボの♂は止まらないで飛び続けていますが、ミナミカワトンボはほとんど止まってなわばりをアピールします。時々場所を変えたり、上の方の葉っぱに止まったりします。
・成熟した♂は、どちらも行動の違いで見分けられますが、ミナミカワトンボは見た目でも青（未成熟♂）とピンクむらさき（成熟♂）で見分けられることがわかりました。ムカシトンボ♂は、成熟と未成熟とではほとんど見た目に違いがありません。

⑥　植物調査結果

　3月の時は、なんとも思っていなかったんだけれど、青丸の○印をした植物が実は大事でした。3月の調査の時は、ミナミカワトンボ♀は、ムカシトンボみたいに石のコケに産卵するのかと予想していましたが、今回の8月の調査で、このヒマワリみたいに高くて、ユリみたいな花がさく植物は，ミナミカワトンボ♀が産卵する植物のひとつだということを発見しました。ジャングルだから、産卵する植物も巨大です。水が泡立つところの近くに生えています。
　さわってみると、案外葉っぱは大きいのに、やわらかいです。

第2部　ミナミカワトンボのはねのなぞ

　ムカシトンボは、ジャゴケだけでなくフキや**ウバユリ**などの植物にも産卵するので、ジャワ島のは巨大すぎるけれど、似ていると思いました。（ぼくたちのムカシトンボの研究パート3のP32みてください）

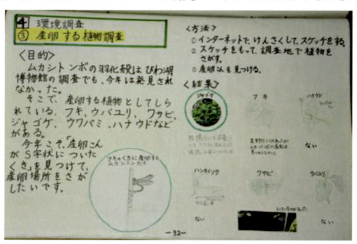

ミナミカワトンボ（*Euphaea variegata*）の♀が産卵した葉っぱ
穴が開いている
葉っぱの大きさは、たて30ｃm横18ｃm（葉を採集して標本にした）

産卵中のミナミカワトンボ♀

産卵した植物

もっと巨大になったのもある

第 2 部　ミナミカワトンボのはねのなぞ

　ユリがさかさまになったような花が、さいていました。
　ジャワ島はジャングルなので生えすぎているけれど、
　日本のムカシトンボの生息地は、台風 18 号の被害で破壊されて、植物がはえていません。かなしいことに、ムカシトンボはこの渓流で見つからなくなってしまいました。

2014 年 4 月 12 日大津市ムカシトンボの生息地
羽化殻はみつからない

⑦ チョウの実験

川に来るチョウを目印に、ミナミカワトンボの出現を発見できるか？

＜予備調査＞

調査期間　2014年4月12日～2014年5月18日

調査地　　滋賀県大津市膳所池内町のムカシトンボ生息地

　　　　　滋賀県東近江市百済町・・5月18日のみ

調査方法　・ムカシトンボが出現した時間と気温を測定する

　　　　　・出現したチョウの種類と数を記録する

調査回数	調査日	天気	時刻	ムカシトンボ発見数	気温 ℃	出現したチョウと昆虫数
1	4月12日	☀	10：20	0	17.2	
2	4月25日	☀	14：15	1♂	20.3	
3	4月26日	☀	7：00～8：30	0	16.8→23.0	
			11：30～12：20	2♂	22.2	
			12：40～12：55	0		
4	4月27日	☀	8：20	0	17.7	
			10：05	1♂	20.0	テングチョウ
			10：25	1♂	21.1	テングチョウ
			11：45	1♂	22.7	テングチョウ
			12：15	1♂	24.3	
5	5月2日	☀	14：30	1♂	24.5	
6	5月3日	☀→☁	7：50～8：40	0	18.4→19.6	

第2部 ミナミカワトンボのはねのなぞ

			8:52	1♂	20.3	シジミチョウ1 羽虫多数 テングチョウ5
			9:08	1♂	21.1	ウラギンシジミ1 テングチョウ4 ハチ
			9:25	1♂	21.5	テングチョウ2
			9:45	1♂	23.5	テングチョウ1
			10:00	1♂	23.5	テングチョウ1
			10:30	1♂	24.3	オオセンチコガネ1
		強い風	11:45	1♂	23.3	
7	5月4日	☀	8:10	0	12.8	テングチョウ 木にとまっていた
			9:10	0	14.6	シジミチョウ3 羽虫多数
			10:10	0	18.7	テングチョウ1
			10:12	1♂	19.3	
			10:15	1♂		
			10:30	0	19.8	シジミチョウ テングチョウ
			10:35	1♂	19.9	
8	5月11日	☀	9:45	0		オオセンチコガネ2
			9:47	0	20.5	シジミチョウ3
			9:53	0		テングチョウ2 ミスジチョウ1
			9:59	0	19.5	オオセンチコガネ3
			10:00	0	20.7	カゲロウ多数

			10:20	2♂	20.7	アサヒナカワトンボ1 ウラギンシジミ1
			10:35	0	22.3	アサヒナカワトンボ2 オオセンチコガネ1
			10:40	0		ヒメクロサナエ1 ダビドサナエ1
			11:23	0	22.7	オオセンチコガネ1 ムカシヤンマ1 ヒメクロサナエ1 ヒトリガ1
			11:42〜12:00	0	23.8	ハチ
			13:10	0	24.8	アオスジアゲハ1 オオセンチコガネ2
			13:40	0	24.9	アサヒナカワトンボ2
			14:20	0	24.6	テングチョウ1 ベッコウバエ1
			14:40〜15:20	0	24.1	アサヒナカワトンボ1 センチコガネ1 羽虫多数
9	5月18日	☀	10:50	1♂	21.1	
			10:58	1♂	21.1	オオセンチコガネ1
			11:37	1♂	21.6	アサヒナカワトンボ1
			11:48	1♂	21.9	クロアゲハ1
			12:10	1♂	21.9	アサヒナカワトンボ1

第2部　ミナミカワトンボのはねのなぞ

			12：20	1♂	21.9	チョウ1 オオセンチコガネ1
			12：33	1♀	21.9	
			12：40～ 12：55	1♂	21.9	
			13：03	1♀	22.1	

　観察地が台風18号で破壊されました。8回の調査で何とか♂を見つけましたが、♀を発見できませんでした。仕方ないので、別の生息地へ調査に行きました。堰堤の下の人工的な場所でしたが、♀を発見しました。

＜ムカシトンボ♀発見　観察記録＞
2014年5月18日東近江市百済寺町
【ムカシトンボの現れた時間と気温】

10：50　1♂　21.1℃　ひの当たる渓流下流側のジャゴケポイントでホバリング
10：58　1♂　　　　　草むらで摂食
11：37　1♂　21.6℃　渓流を上流に向かってパトロール
11：48　1♂　21.9℃　渓流を上流に向かってパトロール
12：10　1♂　　　　　山からひの当たる上流側のジャゴケポイントに下りた
12：20　1♂　　　　　下流側のジャゴケポイントでホバリング
12：33　1♀　　　　　上流側のジャゴケポイントで産卵場所探して飛ぶ
　　　　　　　　　　　ジャゴケで産卵
12：40～55　1♂　　　♀の産卵場所の隣にある小空間で縄張り飛翔
13：03　1♀　　　　　ジャゴケで産卵する♀

【考察したこと】
- ムカシトンボはすぐに飛び立てない（大体３分以上はかかっている）
- ♀は単独で産卵するため、♂に気づかれないくらい場所にくる
- 産卵場所の上空は広葉樹の木がおおっている
- ちょうどこもれ日がさす時間にやってくる
- ♀は産卵中は死んだように動かない、すごいスローな動きしかしない
- 翅がこもれ日でキラキラして、目がごまかされるので、さがしにくい
- 産卵の時間がすごい長すぎる

ムカシトンボ♀ジャゴケに産卵

第2部　ミナミカワトンボのはねのなぞ

♀が産卵した場所↓と♂が♀をさがしている場所↓

拡大すると・・・レキ(小石)が重なった瀬になっている川にはりだしたジャゴケにうみつけていた

堰堤の下の木がはりだしているところの下が産卵場所

♂がパトロール飛翔する

せまい空間で♀をさがしてホバリングする♂

第2部　ミナミカワトンボのはねのなぞ

<ムカシトンボの9回の調査で分かった事>
●ムカシトンボは、気温約20℃以上で出現しました。
●ムカシトンボ♀は、川にこもれびのさすようなお昼ごろに産卵に出現しました。
●ムカシトンボとテングチョウの出現と気温・ひざしは関係がありそうでした。

<ジャワ島でチョウの実験>
実験方法
　・ジャワ島のミナミカワトンボの生息地の川でチョウが来る時間にミナミカワトンボも来たら、撮影する
　・チョウは「おとりのチョウ」を河原において、吸水に来るチョウがとまりやすくする
　・チョウを採集して、種名を調べる

実験結果

時刻	気温℃	ミナミカワトンボの発見	チョウの発見
11：07 チョウ発見 11：15 トンボ発見	26.2	 1♂出現	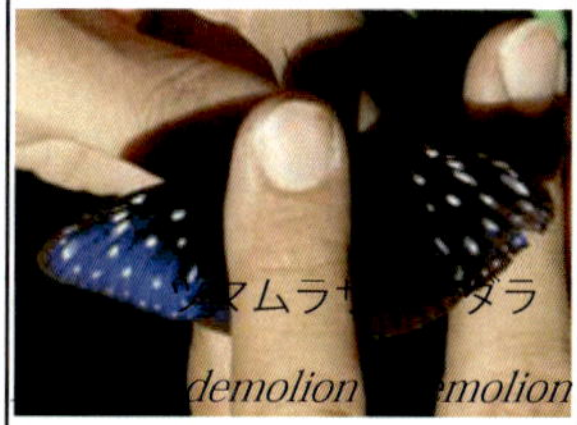 マムラサキマダラ *demolion demolion*

― 79 ―

11:31		1♂出現	
11:40		1♂出現	
12:12 おとりの しかけ	26.1		シロオビアゲハ　2 ミカドアゲハ　2

第2部　ミナミカワトンボのはねのなぞ

12：47 おとりの しかけ		3♂出現	カルナルリモンアゲハ3 パリスルリモンアゲハ1
13：27 おとりの しかけ		2♂出現	カザリシロチョウ （デリアス） 多数
13：35	24.4	1♀出現 産卵	

> 考察
> ミナミカワトンボを8♂1♀もくげきしました。
> ♀の産卵を観察できました。
> 　源流域の川は、ひがさしこむ時間が短いです。だから、チョウが吸水に来るひなたとミナミカワトンボの♂がひなたでなわばりを守る時間が、重なるのだろうと考察しました。
> 　チョウは白いチョウや、めだつ大型のチョウが現れるので、小さいミナミカワトンボよりも見つけやすいです。だから、目印にはなると思いました。

8　仮説

次の仮説を立てました

仮説

仮説1　ヤゴのなぞ・・・尾鰓は身を守るため

ヤゴを3匹一しょにすると、動くところをおそった。

尾鰓はくっついて、大きな頭のようだ。

まるでサソリみたいに石の上を歩く。

仮説2　ヤゴのなぞ・・・尾鰓は水流をつくるため

ヤゴを止水の状態にして観察したら、尾鰓をふって水流を作った。カワトンボやヤマトンボはすぐ死んだが、ミナミカワトンボは4日以上生きた。

第2部　ミナミカワトンボのはねのなぞ

仮説3　はねのなぞ・・・成熟の違い

3月は3♂、8月は13♂1♀採集した。8月の方が多い。

青色♂（未成熟） 速い水路にいた　　ピンク紫♂（成熟） 産卵場所にいた

仮説4　はねのなぞ・・・地域の違い

滋賀県のオオセンチコガネは、緑色と赤紫色がある。

＜仮説3＞

　♀の産卵場所に近いところをなわばりにしている♂は、ピンクむらさき色でした。でも、はなれた水路にいた♂は、青色でした。

　これは、ミナミカワトンボ♂は、成熟がすすむと青からピンクむらさき色になるのではないだろうか？はねの構造色がピンク（むらさき）であると、強い♂なのだろうか？

　ミナミカワトンボ♂に、閉じたときの翅の斑紋の色が「青色の♂」と「ピンクむらさき色の♂」がいるのは、成熟しているかどうかをアピールするためだと考察しました。なわばりの時、ムカシトンボは飛び続けているので色が違っていなくても気づきませんが、ミナミカワトンボはとまってなわばりをアピールするので、色が違うことは成熟の違いを表せる、と考えました。

＜仮説4＞

　ミナミカワトンボ♂には、構造色の出方の違いで「青色の♂」と「ピンクむらさき色の♂」の2種類がいるのかもしれないと考察しました。滋賀県には、オオセンチコガネという構造色が地域で違う甲虫

がいます。白神兄弟が住んでいる大津市では緑色ですが、北の方の高島市では、ピンクむらさき色をしています。甲虫の構造色のちがいのなぞは、まだ解明されていないようです。

9　仮説の検証

<仮説3に近いトンボをみつけました>

　今回の調査で、ミナミカワトンボの生息地の近くで、ハナダカトンボ科 *Heliocypha fenestrate* ♂の、未成熟～成熟を１２頭採集観察できました。その結果、未成熟は体色がうすいオレンジ色と黄色ですが、成熟するとあざやかなこいピンク色と青色になることがわかりました。翅の構造色は、成熟すると翅の中央のオレンジ⇒むらさき、翅の先端が青⇒ピンクに変化していることがわかります。

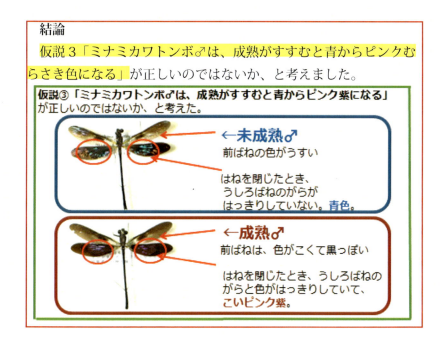

最後にはねのなぞについて

　吉川さんのインドネシア昆虫センターで、インドネシアでよく見られるカワトンボを教えてもらいました。
ハビロミドリカワトンボといいます。

　　はねを開いたとき緑色↑　　　　　はねを閉じると茶色↑

　ミナミカワトンボ Euphaea　variegata と同じように、羽を開いたとき、後ろばねに緑色のキラキラした模様があります。
　今回の調査地では見つかりませんでした。

　この研究では、開いた時のピンクむらさき色の謎は考察できましたが、閉じた時の緑色についてはよくわかりませんでした。

　もし、ハビロミドリカワトンボのことを観察できたら、緑の色のなぞがわかるような気がします。

　このトンボをぜひ観察したいなあと思いました。

10　この研究で発見したこと

①インドネシアは、熱帯雨林気候で、１年中温かくで雨が多いところです。田んぼの米は１年に何回も作ることができます。日本にもある茶畑や、滋賀県でよく見られるたな田やため池があり、とてもおどろきました。

　日本には春夏秋冬の四季があるので、日本のトンボのほうが種類が多いことがわかりました。
　ぼく達白神兄弟は、これまで滋賀県で確認された１００種類のトンボのうち、８７種類見つけましたが、この研究のジャワ島のトンボは２６種類発見しました。

　ジャワ島で見つけた２６種のトンボのうち、なんと１４種が日本でも見られるトンボと同じ仲間だということを発見しました。
　そして、その１４種全部が田んぼと池で生息していました。
　つまり、「田んぼや池のトンボは日本とジャワ島で同じ種類のトンボだという発見」をしました。

　ジャワ島で見つけた２６種のうち日本で見られない残りの１２種は、ほとんど川のトンボだということがわかりました。つまり、「川のトンボは日本とジャワ島では違う種類だという発見」をしました。

②白神兄弟が発見した滋賀県の８７種類のトンボのうち、日本特産種のトンボは２２種です。そのうち、１９種類が流水性で川の上流や中流に生息するトンボです。そして、６種は環境省レッドデータに掲載された絶滅危惧種です。
　表にしました。

白神兄弟が採取（確認）したトンボ８７

残り２で、あとは、飛来種
コバネアオイトトンボ
ベニイトトンボ

滋賀県は100種類確認されています。
日本特産種は、川のトンボ（特に中流～上流）の多いことがわかりました。また、日本特産種の２２のうち６種がレッドデータに指定され、絶滅の危機にあります。

科 びわ湖４９種	日本特産種	日本特産種のうちレッドデータ	滋賀県８５（写真２）	広島県（向島、尾道、御調、府中）３５
ヤンマ科１２			１２	４
サラサヤンマ			○	
コシボソヤンマ			○	
ミルンヤンマ	日本特産種		○	
アオヤンマ			○	
ヤブヤンマ			○	○
オオルリボシヤンマ			○	
ギンヤンマ			○	○
クロスジギンヤンマ			○	○
ルリボシヤンマ			○	○
ネアカヨシヤンマ			○	
マルタンヤンマ			○	
カトリヤンマ			○	
サナエトンボ科２１			２１	３
ウチワヤンマ			○	○

第2部 ミナミカワトンボのはねのなぞ

タイワンウチワヤンマ			○	○
コオニヤンマ			○	○
オナガサナエ	日本特産種		○	
アオサナエ	日本特産種		○	
ダビドサナエ	日本特産種		○	
ヒメクロサナエ	日本特産種		○	
オジロサナエ	日本特産種		○	
オグマサナエ	日本特産種	NT	○	
コサナエ	日本特産種		○	
フタスジサナエ	日本特産種	NT	○	
オオサカサナエ			○	
メガネサナエ	日本特産種	VU	○	
ホンサナエ			○	
ヤマサナエ	日本特産種		○	
キイロサナエ	日本特産種	NT	○	
ヒラサナエ	日本特産種		○	
クロサナエ	日本特産種		○	
タベサナエ			○	
ヒメサナエ	日本特産種		○	
ミヤマサナエ			○	
ムカシトンボ科1			1	
ムカシトンボ	日本特産種		○	
ムカシヤンマ科1			1	
ムカシヤンマ	日本特産種		○	
オニヤンマ科1			1	1
オニヤンマ			○	○
エゾトンボ科4			4	
エゾトンボ			○	

トラフトンボ			○	
ハネビロエゾトンボ			○写真とヤゴ	
タカネトンボ			○	
ヤマトンボ科3			2＋1ヤゴ	1
オオヤマトンボ			○	○
コヤマトンボ			○	
キイロヤマトンボ			ヤゴ	
トンボ科25			24	15
チョウトンボ			○	○
ナツアカネ			○	○
マダラナニワトンボ	日本特産種	EN	○（写真・岐阜県）	
ナニワトンボ	日本特産種	VU	○	
リスアカネ			○	○
ノシメトンボ			○	○
アキアカネ			○	
タイリクアカネ				○
コノシメトンボ			○	
ヒメアカネ			○	○
マユタテアカネ			○	○
マイコアカネ			○	
ミヤマアカネ			○	
ネキトンボ			○	
キトンボ			○	○
コシアキトンボ			○	○
コフキトンボ			○	○
ハッチョウトンボ			○	
ショウジョウトンボ			○	
ウスバキトンボ			○	○
ハラビロトンボ			○	○

第2部　ミナミカワトンボのはねのなぞ

シオカラトンボ			○	○
シオヤトンボ	日本特産種		○	
オオシオカラトンボ			○	○
ヨツボシトンボ			○	
アオイトトンボ科4			4	3
オツネントンボ			○	○
ホソミオツネントンボ			○	○
アオイトトンボ			○	○
オオアオイトトンボ			○	○
カワトンボ科5			5	3
ニホンカワトンボ			○	○
アサヒナカワトンボ	日本特産種		○	○
ハグロトンボ			○	○
アオハダトンボ			○	
ミヤマカワトンボ	日本特産種		○	
モノサシトンボ科2			2	
モノサシトンボ			○	
グンバイトンボ			○	
イトトンボ科9			9	5
キイトトンボ			○	○
クロイトトンボ			○	○
セスジイトトンボ			○	○
ムスジイトトンボ			○	
ホソミイトトンボ			○	
アオモンイトトンボ			○	○
アジアイトトンボ			○	○
オオイトトンボ			○	
モートンイトトンボ			○	

田んぼや池のトンボは、ジャワ島でも日本のトンボが観察できましたが、ジャワ島では日本の川のトンボと似たトンボはいませんでした。「日本の川のトンボは日本特産種がほとんどだ」からだということに気づきました。

③　ミナミカワトンボの生息環境について
　「川の源流域で、流速が0.1~0.2m/sのゆるやかな場所で、石が積み重なったようなあさい場所の上に生えている植物の葉に産卵する。産卵は、連結しないで単独で行い、生きた植物にとまったままで産卵管でうみつける。卵の形は、細長い。」
　ムカシトンボとよくにているけれど、流速がおそい場所だということがわかりました。

11　感想・今後の課題

　僕たち兄弟は、1年中滋賀県のトンボ調査をびわ湖博物館の共同調査研究メンバーとしてやっているんですが、3年間やってきて、わかったことがあります。

1　田んぼや池のトンボが、へった

2　タイワンウチワヤンマのような熱帯のトンボの生息地が北上してきている

3　ごう雨の被害で川のトンボ（ムカシトンボも）がへった

4　去年100種類目のトンボがついに発見されたけれど、飛来種だった。

　ぼくたちは、日本のトンボをたくさん調査してきたので、ジャワ島に日本のトンボがいることがわかりました。**田んぼや池があれば、止水性のトンボは似た環境では同じような種が生息できることがわかりました。**

　ぼく達が住んでいた尾道の向島のように、田んぼやため池がなくなってしまうと、止水性のトンボは生きていけないので、これからもみんなでお米を食べて、田んぼがなくならないようにしてほしいです。

　ジャワ島へ行って、都会は日本と同じように車とバイクのじゅうたいがひどくで、昆虫がほとんどいないことがわかりました。さらに、**ジャワ島ではパームやし畑がふえて、自然が破壊されているこ**

とがわかりました。クワガタやカブトがへってきているそうです。ぼくは、ジャワ島全部がジャングルになっていると思っていたので、ショックでした。

　インドネシアのジャワ島では、地球温暖化で異常気象になっていて、乾季なのに大雨がよくふるようになったそうです。日本と同じでビックリしました。白神兄弟が研究に行った日のほとんどが午後からごう雨でした。滋賀県でもごう雨で、学校も休校によくなります。まるで、日本じゃないみたいになってきました。

　川がはんらんして、今年はムカシトンボの幼虫が川にほとんどいなくなってしまいました。

　ぼくは、インドネシアへ研究に行って、日本は地球温暖化でだんだん熱帯のようになってきて、ジャワ島で見た熱帯のトンボが増えてくるのではないかなあと思うようになりました。そして、川のトンボはどんどんへってしまう、と心配になりました。

　このままいくと、ぼくが大人になったころには、日本の固有種のトンボ、特に川のトンボが絶滅してしまっているかもしれません。

　ぼく達白神兄弟は、これからも日本のトンボの調査を続けていって、どうしたらいろんなトンボがたくさんすむ日本でいられるか、研究していきたいと思いました。

12　参考文献

・「日本のトンボ」

著者　　尾園暁　川島逸郎　二橋亮
発行所　株式会社　文一総合出版
2012年7月10日初版第1刷発行

・「沖縄のトンボ図鑑」

　　著者　　尾園暁　渡辺賢一　焼田理一郎　小浜継雄
　　発行所　ミナミヤンマ・クラブ株式会社
2007年8月16日初版第1刷発行

　　・Dragonflies of Peninsular Malaysia and Singapore
ポケットガイド　マレー半島、シンガポールのトンボ
A.G.Orr, 2005

・A photographic guide to the Dragonflies of Singapore
フィールドガイド シンガポールのトンボ
Tang Hung Bun, Wang Luan Keng & Matti Hamalainen, 2010

ジャワ島　ミナミカワトンボ

印刷日　2016 年 4 月 1 日　初版　第 1 刷
発行日　2016 年 5 月 15 日　初版　第 1 刷
著　者　白神 慶太　白神 大輝
発行者　東　保司

発行所　櫂 歌 書 房

〒 811-1365　福岡市南区皿山 4 丁目 14-2
TEL 092-511-8111 ／ FAX 092-511-6641
E-mail: e@touka.com　http://www.touka.com

発売所　株式会社　星雲社
〒 112-0012　東京都文京区大塚 3-21-10